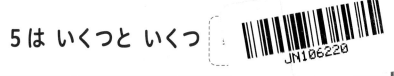
1 5は いくつと いくつですか。

①  　4と □

②  　3と □

③   　2と □

2 □に かずを かきましょう。

①  　1と 4で □

②  　3と 2で □

LESSON 2

6は いくつと いくつ

シール

月　日

せいかい
5こ中

こ　／　ごうかく
4こ

1 6に なるように かずを かきましょう。

❶
4

❷
2

❸
3

2 6は いくつと いくつですか。

❶  　　１と

❷  　　4と

こたえは 71 ページ ☞

7は いくつと いくつ

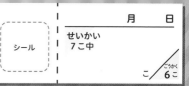

1 7は　いくつと　いくつですか。

❶ 5と ☐

❷ 4と ☐

❸ 2と ☐

❹ 6と ☐

2 7に　なるように　──で　つなぎましょう。

 ・ ・

 ・ ・

 ・ ・

●の かずを
かぞえよう。

こたえは 71 ページ☞

LESSON 4

8 は いくつと いくつ

シール

月　日

せいかい
5 こ中

こ／**4** こ ごうかく

1 あと いくつで 8に なりますか。

①

②

2 ぜんぶで 8に なるように いろを ぬりましょう。

①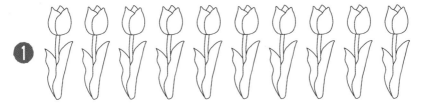

②

③

LESSON
5

9は いくつと いくつ

シール

　　　　　　　　月　　　日

せいかい
7こ中

こ／ごうかく
6こ

1 9に　なるように　──で　つなぎましょう。

4	・	・	6
7	・	・	8
3	・	・	5
1	・	・	2

2 あと　いくつで　9に　なりますか。

①

②

③

LESSON

6

10は いくつと いくつ

シール

月　　日

せいかい
10こ中

こ／9こ
ごうかく

1 10は いくつと いくつですか。

❶ 2と □　　　❷ 7と □

❸ 5と □　　　❹ 4と □

2 □に かずを かきましょう。

❶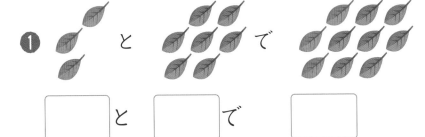

□ と □ で □

❷

□ と □ で □

まとめテスト ①

1 5に　なるように　かずを　かきましょう。

①
| 1 |

②
| 3 |

③
| 2 |

2 7は　いくつと　いくつですか。

① 　　4 と

② 　　2 と

こたえは 72 ページ

まとめテスト ②

1 8に　なるように　――で　つなぎましょう。

4	・	・	3
2	・	・	4
5	・	・	6
1	・	・	7

2 あと　いくつで　9に　なりますか。

❶

❷

たしざん ①

1 けいさんを　しましょう。

この けいさんを たしざんと いうよ。

❶ 1+2

❷ 2+3

❸ 2+4

❹ 7+2

❺ 3+7

❻ 6+1

❼ 2+2

❽ 5+2

❾ 8+2

❿ 3+3

⓫ 4+1

⓬ 6+2

⓭ 3+5

⓮ 9+1

たしざん ②

1 けいさんを　しましょう。

❶ 2+1

❷ 3+2

❸ 3+1

❹ 1+1

❺ 4+4

❻ 2+6

❼ 5+1

❽ 6+3

❾ 2+7

❿ 1+4

⓫ 1+8

⓬ 4+3

⓭ 2+8

⓮ 1+6

たしざん ③

1 けいさんを　しましょう。

❶ 2+2

❷ 3+5

❸ 3+6

❹ 7+1

❺ 5+4

❻ 2+5

❼ 8+2

❽ 3+3

❾ 1+5

❿ 7+2

⓫ 6+1

⓬ 9+1

⓭ 6+4

⓮ 5+5

ひきざん ①

シール

月　　日

せいかい
14こ中

こ ／ ごうかく 12こ

1 けいさんを しましょう。

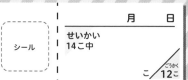

この けいさんを ひきざんと いうよ。

❶ 2−1

❷ 7−4

❸ 8−2

❹ 9−5

❺ 5−3

❻ 4−3

❼ 9−1

❽ 6−3

❾ 7−6

❿ 5−1

⓫ 9−2

⓬ 10−1

⓭ 8−3

⓮ 7−5

こたえは 72 ページ

ひきざん ②

1 けいさんを　しましょう。

❶ 3−2

❷ 8−5

❸ 7−3

❹ 5−4

❺ 10−7

❻ 9−6

❼ 8−4

❽ 9−4

❾ 7−2

❿ 6−2

⓫ 4−2

⓬ 10−5

⓭ 10−3

⓮ 9−8

こたえは 72 ページ

ひきざん ③

シール

月　日
せいかい
14こ中
こ／ごうかく12こ

1 けいさんを　しましょう。

① 5−2　　　　② 8−1

③ 7−1　　　　④ 10−8

⑤ 10−6　　　　⑥ 6−4

⑦ 8−6　　　　⑧ 4−1

⑨ 10−2　　　　⑩ 3−1

⑪ 6−1　　　　⑫ 10−4

⑬ 6−5　　　　⑭ 9−3

こたえは 73 ページ ☞

まとめテスト ③

シール

月　　日

せいかい
14こ中

こ／ごうかく
12こ

1 けいさんを　しましょう。

❶ 2+4　　　　　❷ 4+5

❸ 3+7　　　　　❹ 2+1

❺ 1+4　　　　　❻ 4+3

❼ 4+4　　　　　❽ 6+4

❾ 5+1　　　　　❿ 3+1

⓫ 4+2　　　　　⓬ 5+3

⓭ 7+1　　　　　⓮ 2+5

こたえは 73 ページ☞

まとめテスト ④

1 けいさんを　しましょう。

❶ 7−3

❷ 8−7

❸ 6−4

❹ 9−4

❺ 10−2

❻ 8−6

❼ 5−2

❽ 9−3

❾ 7−2

❿ 9−1

⓫ 9−6

⓬ 4−2

⓭ 6−2

⓮ 10−3

1 □に かずを かきましょう。

❶ 10と 4で □

❷ 10と 8で □

❸ 12は 10と □

❹ 17は 10と □

❺ 19は 10と □

❻ 15は □ と 5

❼ 20は □ と 10

10より おおきい かずだよ。
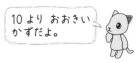

こたえは73ページ☞

10と いくつ ②

1 □に かずを かきましょう。

❶ 10と 5で □

❷ 10と 10で □

❸ 13は 10と □

❹ 16は 10と □

❺ 18は 10と □

❻ 12は □と 2

❼ 17は □と 7

10と　いくつ ③

1 けいさんを　しましょう。

❶ 10+5　　　　　❷ 10+1

❸ 10+8　　　　　❹ 10+10

❺ 9+10　　　　　❻ 4+10

❼ 13−10　　　　❽ 20−10

❾ 11−10　　　　❿ 17−10

⓫ 12−2　　　　　⓬ 16−6

⓭ 19−9　　　　　⓮ 14−4

こたえは 73 ページ

10と　いくつ ④

1 けいさんを　しましょう。

❶ 10+2

❷ 10+9

❸ 10+4

❹ 10+6

❺ 3+10

❻ 7+10

❼ 15−10

❽ 18−10

❾ 12−10

❿ 16−10

⓫ 15−5

⓬ 11−1

⓭ 17−7

⓮ 13−3

こたえは 73 ページ

20 までの かずの たしざん ①

1 けいさんを しましょう。

10と いくつに わけてから たして みよう。

❶ 12+2

❷ 11+2

❸ 13+6

❹ 14+4

❺ 11+8

❻ 15+3

❼ 14+2

❽ 17+1

❾ 12+7

❿ 16+2

⓫ 12+3

⓬ 11+6

こたえは 73 ページ☞

LESSON 22

20 までの かずの たしざん ②

シール

月　日

せいかい
12 こ中

こ／ごうかく
10こ

1 けいさんを しましょう。

❶ 5+12

❷ 1+16

❸ 7+11

❹ 2+13

❺ 5+14

❻ 3+15

❼ 2+12

❽ 1+17

❾ 1+14

❿ 3+13

⓫ 4+12

⓬ 6+13

20までの かずの ひきざん ①

1　けいさんを　しましょう。

❶ 15−3

❷ 12−1

❸ 18−4

❹ 17−6

❺ 19−2

❻ 13−2

❼ 15−1

❽ 14−3

❾ 16−5

❿ 19−7

⓫ 18−3

⓬ 17−1

こたえは 74 ページ

LESSON 24

20 までの かずの ひきざん ②

シール

月　日

せいかい
12こ中

こ／10こ　ごうかく

1 けいさんを しましょう。

① 18−1

② 15−2

③ 14−2

④ 18−6

⑤ 13−1

⑥ 17−4

⑦ 19−8

⑧ 12−1

⑨ 17−5

⑩ 14−3

⑪ 16−3

⑫ 18−4

こたえは74ページ☞

まとめテスト ⑤

1 けいさんを　しましょう。

❶ 15+3

❷ 14−10

❸ 17−5

❹ 2+13

❺ 10+8

❻ 16−6

❼ 13−2

❽ 14+3

❾ 18−4

❿ 7+10

⓫ 15−1

⓬ 12+5

まとめテスト ⑥

1 けいさんを　しましょう。

❶ 11+6

❷ 14−3

❸ 15−10

❹ 9+10

❺ 17−6

❻ 16+2

❼ 13+5

❽ 14+1

❾ 19−6

❿ 18−5

⓫ 14−4

⓬ 12+1

こたえは 74 ページ

LESSON
27

3つの　かずの
たしざん ①

シール

月　　　日

せいかい
14こ中

こ／ごうかく
　　12こ

1 けいさんを　しましょう。

❶ 1+5+3

❷ 1+2+7

❸ 2+1+1

❹ 1+1+5

❺ 2+6+2

❻ 2+3+4

❼ 1+1+6

❽ 1+2+2

❾ 5+2+2

❿ 4+1+5

⓫ 1+2+3

⓬ 2+1+5

⓭ 2+3+5

⓮ 3+3+1

こたえは 74 ページ☞

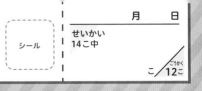

月　　日

せいかい
14こ中

こ／12こ　ごうかく

シール

1 けいさんを しましょう。

① 2+1+2

② 4+3+1

③ 1+4+4

④ 2+2+3

⑤ 8+1+1

⑥ 6+1+1

⑦ 2+5+2

⑧ 1+6+3

⑨ 3+1+3

⑩ 2+2+2

⑪ 2+5+1

⑫ 4+3+3

⑬ 2+4+4

⑭ 3+4+2

シール

月　　日

せいかい
14こ中

こ／ごうかく
12こ

1 けいさんを しましょう。

① 4+2+1

② 2+2+5

③ 1+3+6

④ 3+2+1

⑤ 9+1+1

⑥ 5+5+1

⑦ 6+2+1

⑧ 4+5+1

⑨ 3+7+1

⑩ 6+4+3

⑪ 1+4+1

⑫ 3+5+1

⑬ 8+2+2

⑭ 4+6+5

LESSON
30

3つの　かずの
たしざん ④

シール

月　　　日
せいかい
14こ中

ごうかく
こ／12こ

1 けいさんを　しましょう。

❶ 5+3+2

❷ 2+4+2

❸ 3+7+2

❹ 2+8+6

❺ 1+8+1

❻ 3+3+2

❼ 7+3+1

❽ 1+9+1

❾ 2+1+3

❿ 3+6+1

⓫ 5+5+5

⓬ 3+7+3

⓭ 5+2+1

⓮ 4+3+2

3つの かずの ひきざん ①

シール

月　　　日

せいかい
14こ中

こ／ごうかく
12こ

1 けいさんを しましょう。

❶ 10−1−8

❷ 6−3−1

❸ 9−3−1

❹ 10−2−1

❺ 9−2−5

❻ 4−2−1

❼ 6−1−2

❽ 10−5−3

❾ 7−1−5

❿ 10−2−4

⓫ 9−3−2

⓬ 8−1−4

⓭ 8−1−1

⓮ 9−4−4

こたえは 75 ページ☞

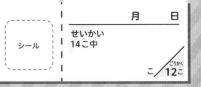

月　　日

せいかい
14こ中

こ　／ごうかく 12こ

1 けいさんを　しましょう。

❶ 9−4−1

❷ 8−1−6

❸ 5−1−3

❹ 7−2−3

❺ 10−2−3

❻ 10−6−1

❼ 9−3−4

❽ 3−1−1

❾ 10−2−2

❿ 7−1−2

⓫ 8−2−5

⓬ 9−1−5

⓭ 7−3−1

⓮ 5−1−2

LESSON 33

3つの かずの
ひきざん ③

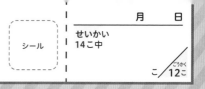

シール

月　日

せいかい
14こ中

こ／ごうかく
12こ

1 けいさんを しましょう。

❶ 8−5−1

❷ 10−3−3

❸ 12−2−3

❹ 15−5−1

❺ 10−2−6

❻ 7−2−2

❼ 13−3−1

❽ 14−4−5

❾ 6−3−2

❿ 10−5−1

⓫ 17−7−2

⓬ 11−1−6

⓭ 10−5−4

⓮ 10−1−6

こたえは 75 ページ☞

3つの かずの ひきざん ④

1 けいさんを しましょう。

❶ 8−2−4

❷ 10−3−6

❸ 7−1−3

❹ 6−2−2

❺ 15−5−2

❻ 13−3−2

❼ 8−1−3

❽ 9−2−4

❾ 16−6−3

❿ 14−4−4

⓫ 9−1−1

⓬ 10−6−2

⓭ 17−10−3

⓮ 18−10−4

こたえは 75ページ☞

1 □に　かずを　かきましょう。

❶ 10と　6で □

❷ 5と　10で □

❸ 14は □ と　4

2 けいさんを　しましょう。

❶ 10+7

❷ 10+3

❸ 2+10

❹ 8+10

❺ 14−10

❻ 19−10

❼ 18−8

❽ 20−10

まとめテスト ⑧

1 けいさんを　しましょう。

① 15+4

② 11+7

③ 2+2+1

④ 1+3+4

⑤ 6+4+2

⑥ 3+7+2

⑦ 17−5

⑧ 19−6

⑨ 7−2−1

⑩ 10−3−1

⑪ 12−2−1

⑫ 15−5−1

⑬ 11−1−7

⑭ 14−10−2

3つの かずの けいさん ①

1 けいさんを しましょう。

❶ 2+8−9

❷ 5−2+4

❸ 4+5−6

❹ 10+6−2

❺ 2+7−4

❻ 7−1+2

❼ 1+9−3

❽ 4−3+1

❾ 10+4−3

❿ 8−5+3

⓫ 3+4−2

⓬ 9−7+2

⓭ 2+6−5

⓮ 5−2+1

3つの かずの けいさん ②

シール

1 けいさんを しましょう。

① 7+2−5

② 6−4+3

③ 1+5−3

④ 7−6+1

⑤ 4+4−7

⑥ 10−9+3

⑦ 9+1−2

⑧ 9−4+2

⑨ 10+5−2

⑩ 4−2+1

⑪ 8+2−1

⑫ 10−7+2

⑬ 10+7−3

⑭ 8−6+5

こたえは76ページ

3つの かずの けいさん ③

1 けいさんを　しましょう。

① 3+7−4

② 8−7+1

③ 12+4−1

④ 15−5+6

⑤ 9+1−6

⑥ 7−2+1

⑦ 13+6−4

⑧ 5−3+1

⑨ 4+4−1

⑩ 16−6+2

⑪ 14+2−6

⑫ 6−1+4

⑬ 3+5−7

⑭ 12−2+5

こたえは 76 ページ

3つの　かずの　けいさん ④

シール

月　　日

せいかい
14こ中

こ／ごうかく 12こ

1 けいさんを　しましょう。

❶ $2+8-1$

❷ $6-3+5$

❸ $7+2-3$

❹ $19-9+2$

❺ $3+6-2$

❻ $8-2+1$

❼ $13+5-8$

❽ $10-9+2$

❾ $2+5-6$

❿ $18-8+6$

⓫ $15+2-4$

⓬ $14-4+7$

⓭ $14+1-5$

⓮ $7-5+4$

こたえは 76 ページ

まとめテスト ⑨

1 けいさんを　しましょう。

① 1+9−8

② 11−1+6

③ 4+6−5

④ 3−2+4

⑤ 7+1−4

⑥ 19−9+6

⑦ 14+3−4

⑧ 6−3+1

⑨ 12+7−9

⑩ 8−7+2

⑪ 11+6−5

⑫ 14−4+3

⑬ 4+6−1

⑭ 10−9+5

まとめテスト ⑩

1 けいさんを しましょう。

❶ 2+8−7　　　　❷ 6−3+4

❸ 7+3−6　　　　❹ 10+5−3

❺ 1+8−3　　　　❻ 18−8+2

❼ 5+3−1　　　　❽ 8−7+5

❾ 10+6−4　　　　❿ 7−5+3

⓫ 6+1−2　　　　⓬ 13−3+2

⓭ 12+5−7　　　　⓮ 8−6+7

たしざん ④

シール

月　日

せいかい
12こ中

こ／ごうかく
10こ

1 けいさんを　しましょう。

くり上がり
が　あるよ。

❶ 2+9

❷ 6+8

❸ 6+6

❹ 9+7

❺ 7+8

❻ 8+3

❼ 3+9

❽ 4+9

❾ 7+6

❿ 9+9

⓫ 5+6

⓬ 7+7

こたえは 77 ページ

たしざん ⑤

1 けいさんを　しましょう。

① 5+9　　　② 5+7

③ 3+8　　　④ 9+8

⑤ 9+2　　　⑥ 4+7

⑦ 9+3　　　⑧ 6+9

⑨ 7+9　　　⑩ 4+8

⑪ 5+8　　　⑫ 8+6

たしざん ⑥

1 けいさんを　しましょう。

❶ 7+5　　　　❷ 9+5

❸ 8+7　　　　❹ 7+4

❺ 9+4　　　　❻ 8+9

❼ 6+5　　　　❽ 6+7

❾ 8+4　　　　❿ 8+8

⓫ 8+5　　　　⓬ 9+6

こたえは 77 ページ☞

ひきざん ④

シール

月　日

せいかい
12こ中

こ／10こ

1 けいさんを　しましょう。

くり下がり
が　あるよ。

① 18−9

② 11−5

③ 16−8

④ 12−8

⑤ 11−6

⑥ 11−2

⑦ 14−6

⑧ 13−6

⑨ 14−7

⑩ 11−9

⑪ 13−4

⑫ 13−7

こたえは 77 ページ

ひきざん ⑤

1 けいさんを　しましょう。

① 15−9

② 12−4

③ 14−5

④ 13−8

⑤ 12−3

⑥ 16−9

⑦ 15−7

⑧ 12−7

⑨ 13−9

⑩ 17−8

⑪ 11−4

⑫ 12−6

こたえは 77 ページ

ひきざん ⑥

1 けいさんを　しましょう。

① 13−5

② 12−9

③ 16−7

④ 17−9

⑤ 15−6

⑥ 11−8

⑦ 14−8

⑧ 12−5

⑨ 11−3

⑩ 11−7

⑪ 15−8

⑫ 14−9

0の たしざん

シール

月　日

せいかい
14こ中

こ／ごうかく
12こ

1 けいさんを しましょう。

① 2+0

② 0+9

③ 0+5

④ 3+0

⑤ 1+0

⑥ 0+7

⑦ 0+4

⑧ 8+0

⑨ 0+0

⑩ 0+6

⑪ 9+0

⑫ 0+2

⑬ 0+1

⑭ 5+0

こたえは 77 ページ

0の ひきざん

1 けいさんを しましょう。

❶ 3−3

❷ 9−0

❸ 5−0

❹ 4−4

❺ 8−8

❻ 1−0

❼ 4−0

❽ 7−7

❾ 6−6

❿ 0−0

⓫ 2−0

⓬ 9−9

⓭ 1−1

⓮ 8−0

こたえは 78 ページ

シール

月　　日

せいかい
14こ中

こ／ごうかく 12こ

1 けいさんを　しましょう。

❶ 5+7

❷ 7+8

❸ 9+3

❹ 8+4

❺ 4+7

❻ 6+6

❼ 5+9

❽ 3+8

❾ 7+7

❿ 9+6

⓫ 2+9

⓬ 4+9

⓭ 6+0

⓮ 0+8

1 けいさんを　しましょう。

① 12−9

② 13−4

③ 11−6

④ 15−7

⑤ 14−7

⑥ 12−6

⑦ 17−9

⑧ 14−8

⑨ 15−6

⑩ 12−5

⑪ 13−8

⑫ 18−9

⑬ 5−5

⑭ 6−0

LESSON

53

大きい　かず　①

シール

月　日

せいかい
8こ中

こ／7こ

1　□に　かずを　かきましょう。

❶ 10が　4こで　□

❷ 10が　1こと　1が　7こで　□

❸ 10が　7こと　1が　1こで　□

❹ 10が　6こで　□

❺ 10が　9こと　1が　4こで　□

❻ 10が　5こと　1が　6こで　□

❼ 10が　8こと　1が　8こで　□

❽ 10が　10こで　□

こたえは 78 ページ☞

1 □に かずを かきましょう。

❶ 十のくらいが 2, 一のくらいが 5の

かずは □

❷ 十のくらいが 6, 一のくらいが 8の

かずは □

❸ 十のくらいが 8, 一のくらいが 2の

かずは □

❹ 十のくらいが 5, 一のくらいが 3の

かずは □

❺ 十のくらいが 9, 一のくらいが 6の

かずは □

10が いくつと
1が いくつかな。

こたえは 78 ページ

大きい かず ③

1 ☐に かずを かきましょう。

❶ 47 は, 10 が ☐ こと 1 が

☐ こ

❷ 75 は, 10 が ☐ こと 1 が

☐ こ

❸ 32 は, 10 が ☐ こと 1 が

☐ こ

❹ 69 の 十のくらいの すう字は ☐ ,

一のくらいの すう字は ☐

❺ 28 の 十のくらいの すう字は ☐ ,

一のくらいの すう字は ☐

こたえは 78 ページ

大きい　かず ④

月　　日

せいかい
8こ中

こ／7こ　ごうかく

1 □に　かずを　かきましょう。

❶ 29より　1　大きい　かずは　□

❷ 80より　1　小さい　かずは　□

❸ 49より　1　大きい　かずは　□

❹ 20より　1　小さい　かずは　□

❺ 40と　30で　□

❻ 100は　40と　□

❼ 105より　4　大きい　かずは　□

❽ 120より　3　小さい　かずは　□

こたえは 78 ページ

大きい　かずの けいさん ①

1 けいさんを　しましょう。

❶ 30+20

❷ 40+30

❸ 10+50

❹ 60+30

❺ 20+70

❻ 50+50

❼ 40−10

❽ 70−50

❾ 60−20

❿ 90−80

⓫ 50−30

⓬ 100−40

こたえは 79 ページ

大きい　かずの けいさん ②

1 けいさんを　しましょう。

① 40+3

② 8+60

③ 5+32

④ 51+6

⑤ 72+4

⑥ 63+2

⑦ 6+23

⑧ 1+86

⑨ 3+33

⑩ 72+7

⑪ 50+2

⑫ 5+94

大きい　かずの　けいさん ③

1 けいさんを　しましょう。

① 38−8

② 29−9

③ 54−3

④ 95−4

⑤ 76−2

⑥ 48−6

⑦ 35−1

⑧ 63−3

⑨ 29−5

⑩ 88−7

⑪ 98−3

⑫ 67−7

大きい かずの けいさん ④

シール

1 けいさんを しましょう。

① 49－6

② 69－2

③ 77－4

④ 25－5

⑤ 36－5

⑥ 44－3

⑦ 99－9

⑧ 68－6

⑨ 45－3

⑩ 58－7

⑪ 76－5

⑫ 64－1

こたえは79ページ

まとめテスト ⑬

1 ◻ に　かずを　かきましょう。

❶ 10 が　4 こと　1 が　3 こで　◻

❷ 十のくらいが　5, 一のくらいが　7 の
かずは　◻

❸ 83 は，10 が　◻ こと　1 が
◻ こ

❹ 79 より　1　大きい　かずは　◻

❺ 115 より　5　小さい　かずは　◻

❻ 30 と　70 で　◻

❼ 90 は　50 と　◻

こたえは 79 ページ☞

まとめテスト ⑭

1 けいさんを　しましょう。

① 40+40

② 20+80

③ 70+5

④ 30+9

⑤ 53+6

⑥ 61+7

⑦ 80−60

⑧ 100−80

⑨ 47−7

⑩ 35−5

⑪ 98−4

⑫ 67−6

□の ある けいさん ①

1 □に あてはまる かずを こたえま
しょう。

❶ 5+□=8

❷ □+4=7

❸ 3+□=9

❹ □+1=5

❺ □+2=15

❻ □+4=16

❼ 4+□=18

❽ 9+□=10

9と あと
いくつで
10 かな。

❾ □+2=13

❿ 5+□=19

□の ある けいさん ②

1 □に あてはまる かずを こたえましょう。

❶ □+4=12

❷ 7+□=13

❸ □+0=7

❹ 6+□=15

❺ □+2=11

❻ 9+□=16

❼ □+5=14

❽ 0+□=4

❾ 8+□=16

❿ □+7=15

こたえは 79 ページ ☞

□の ある けいさん ③

1 □に あてはまる かずを こたえま
しょう。

❶ □+20=80

❷ 30+□=70

❸ 7+□=39

❹ □+6=78

❺ □+4=95

❻ □+1=34

❼ 80+□=100

❽ 6+□=69

❾ □+5=58

❿ 3+□=48

□の ある けいさん ④

1 □に あてはまる かずを こたえましょう。

❶ □−4=3

❷ 7−□=1

❸ □−5=4

❹ 6−□=2

❺ □−2=8

❻ 16−□=10

❼ □−5=13

❽ 19−□=9

❾ 10−□=5

❿ □−7=10

こたえは 80 ページ

□の ある けいさん ⑤

1 □に あてはまる かずを こたえま
しょう。

❶ □−5=6

❷ 13−□=7

❸ 17−□=9

❹ 9−□=9

❺ □−4=8

❻ 15−□=9

❼ □−0=7

❽ 16−□=8

❾ □−7=4

❿ □−6=8

こたえは 80 ページ ☞

□の ある けいさん ⑥

シール

1 □に あてはまる かずを こたえま しょう。

❶ □−6=81

❷ 100−□=50

❸ □−5=40

❹ 70−□=60

❺ 90−□=30

❻ □−3=36

❼ □−7=61

❽ 50−□=10

❾ □−2=95

❿ 40−□=20

こたえは 80 ページ

まとめテスト ⑮

1 □に あてはまる かずを こたえましょう。

❶ $14-\square=10$

❷ $4+\square=27$

❸ $\square+7=79$

❹ $\square-2=52$

❺ $60-\square=20$

❻ $5+\square=13$

❼ $\square+0=70$

❽ $\square-5=41$

❾ $11-\square=7$

❿ $\square+6=59$

こたえは 80 ページ

1 したの れいと おなじように, □に
かずを かきましょう。

（れい）

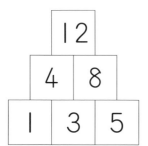

①

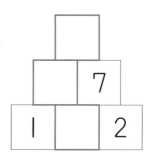

②

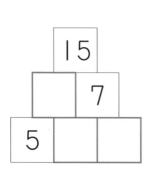

③

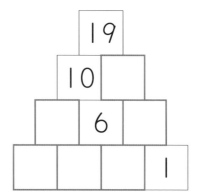

きまりを
みつけよう。

こたえは 80 ページ

① 5は いくつと いくつ　1ページ

1　❶ 1
　　❷ 2
　　❸ 3

2　❶ 5
　　❷ 5

アドバイス 最初の問題ですから，ぜひ一緒に楽しく始めてください。あめやクッキーなどを置いて数えさせてもよいでしょう。

② 6は いくつと いくつ　2ページ

1　❶ 2　❷ 4　❸ 3

2　❶ 5
　　❷ 2

③ 7は いくつと いくつ　3ページ

1　❶ 2　　　❷ 3
　　❸ 5　　　❹ 1

2
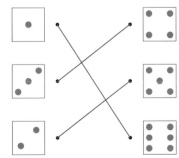

④ 8は いくつと いくつ　4ページ

1　❶ 5
　　❷ 2

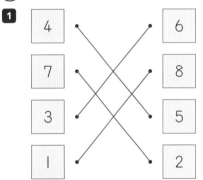

アドバイス 答えの色は赤ですが，好きな色をぬらせてください。また，答えは左から順にぬっていますが，8つぬれていればどこでもかまいません。

⑤ 9は いくつと いくつ　5ページ

1

4	6
7	8
3	5
1	2

2　❶ 7
　　❷ 3
　　❸ 5

⑥ 10は いくつと いくつ　6ページ

1　❶ 8　　　❷ 3
　　❸ 5　　　❹ 6

2　❶ 3, 7, 10
　　❷ 6, 4, 10

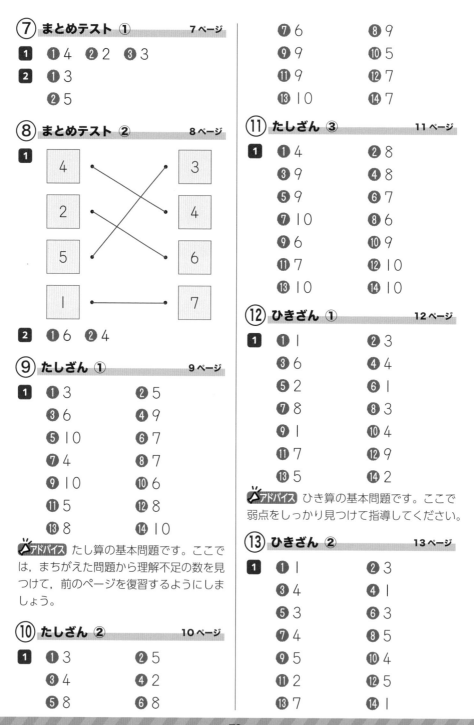

⑦ **まとめテスト ①**　　　7 ページ

1 ❶ 4　❷ 2　❸ 3

2 ❶ 3

　❷ 5

⑧ **まとめテスト ②**　　　8 ページ

1

4		3
2		4
5		6
l		7

2 ❶ 6　❷ 4

⑨ **たしざん ①**　　　9 ページ

1 ❶ 3　　❷ 5

　❸ 6　　❹ 9

　❺ 10　　❻ 7

　❼ 4　　❽ 7

　❾ 10　　❿ 6

　⓫ 5　　⓬ 8

　⓭ 8　　⓮ 10

📣**アドバイス** たし算の基本問題です。ここで
は，まちがえた問題から理解不足の数を見
つけて，前のページを復習するようにしま
しょう。

⑩ **たしざん ②**　　　10 ページ

1 ❶ 3　　❷ 5

　❸ 4　　❹ 2

　❺ 8　　❻ 8

　❼ 6　　❽ 9

　❾ 9　　❿ 5

　⓫ 9　　⓬ 7

　⓭ 10　　⓮ 7

⑪ **たしざん ③**　　　11 ページ

1 ❶ 4　　❷ 8

　❸ 9　　❹ 8

　❺ 9　　❻ 7

　❼ 10　　❽ 6

　❾ 6　　❿ 9

　⓫ 7　　⓬ 10

　⓭ 10　　⓮ 10

⑫ **ひきざん ①**　　　12 ページ

1 ❶ l　　❷ 3

　❸ 6　　❹ 4

　❺ 2　　❻ l

　❼ 8　　❽ 3

　❾ l　　❿ 4

　⓫ 7　　⓬ 9

　⓭ 5　　⓮ 2

📣**アドバイス** ひき算の基本問題です。ここで
弱点をしっかり見つけて指導してください。

⑬ **ひきざん ②**　　　13 ページ

1 ❶ l　　❷ 3

　❸ 4　　❹ l

　❺ 3　　❻ 3

　❼ 4　　❽ 5

　❾ 5　　❿ 4

　⓫ 2　　⓬ 5

　⓭ 7　　⓮ l

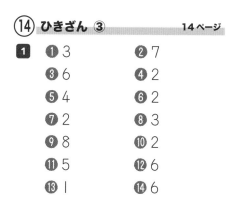

⑭ ひきざん ③　　　14ページ

1
- ❶ 3
- ❷ 7
- ❸ 6
- ❹ 2
- ❺ 4
- ❻ 2
- ❼ 2
- ❽ 3
- ❾ 8
- ❿ 2
- ⓫ 5
- ⓬ 6
- ⓭ 1
- ⓮ 6

⑮ まとめテスト ③　　　15ページ

1
- ❶ 6
- ❷ 9
- ❸ 10
- ❹ 3
- ❺ 5
- ❻ 7
- ❼ 8
- ❽ 10
- ❾ 6
- ❿ 4
- ⓫ 6
- ⓬ 8
- ⓭ 8
- ⓮ 7

⑯ まとめテスト ④　　　16ページ

1
- ❶ 4
- ❷ 1
- ❸ 2
- ❹ 5
- ❺ 8
- ❻ 2
- ❼ 3
- ❽ 6
- ❾ 5
- ❿ 8
- ⓫ 3
- ⓬ 2
- ⓭ 4
- ⓮ 7

⑰ 10と いくつ ①　　　17ページ

1
- ❶ 14　❷ 18　❸ 2　❹ 7
- ❺ 9　❻ 10　❼ 10

アドバイス 10より大きい数を「10といくつ」という見方で考えさせる問題です。

❶, ❷は「10といくつ」を合わせる問題, ❸以降は10より大きい数を「10といくつ」に分解する問題です。

⑱ 10と いくつ ②　　　18ページ

1
- ❶ 15　❷ 20　❸ 3　❹ 6
- ❺ 8　❻ 10　❼ 10

⑲ 10と いくつ ③　　　19ページ

1
- ❶ 15
- ❷ 11
- ❸ 18
- ❹ 20
- ❺ 19
- ❻ 14
- ❼ 3
- ❽ 10
- ❾ 1
- ❿ 7
- ⓫ 10
- ⓬ 10
- ⓭ 10
- ⓮ 10

⑳ 10と いくつ ④　　　20ページ

1
- ❶ 12
- ❷ 19
- ❸ 14
- ❹ 16
- ❺ 13
- ❻ 17
- ❼ 5
- ❽ 8
- ❾ 2
- ❿ 6
- ⓫ 10
- ⓬ 10
- ⓭ 10
- ⓮ 10

㉑ 20までの かずの たしざん ①　21ページ

1
- ❶ 14
- ❷ 13
- ❸ 19
- ❹ 18
- ❺ 19
- ❻ 18
- ❼ 16
- ❽ 18
- ❾ 19
- ❿ 18
- ⓫ 15
- ⓬ 17

㉒ 20までの かずの たしざん ② 22ページ

1
- ① 17
- ② 17
- ③ 18
- ④ 15
- ⑤ 19
- ⑥ 18
- ⑦ 14
- ⑧ 18
- ⑨ 15
- ⑩ 16
- ⑪ 16
- ⑫ 19

㉓ 20までの かずの ひきざん ① 23ページ

1
- ① 12
- ② 11
- ③ 14
- ④ 11
- ⑤ 17
- ⑥ 11
- ⑦ 14
- ⑧ 11
- ⑨ 11
- ⑩ 12
- ⑪ 15
- ⑫ 16

㉔ 20までの かずの ひきざん ② 24ページ

1
- ① 17
- ② 13
- ③ 12
- ④ 12
- ⑤ 12
- ⑥ 13
- ⑦ 11
- ⑧ 11
- ⑨ 12
- ⑩ 11
- ⑪ 13
- ⑫ 14

㉕ まとめテスト ⑤ 25ページ

1
- ① 18
- ② 4
- ③ 12
- ④ 15
- ⑤ 18
- ⑥ 10
- ⑦ 11
- ⑧ 17
- ⑨ 14
- ⑩ 17
- ⑪ 14
- ⑫ 17

㉖ まとめテスト ⑥ 26ページ

1
- ① 17
- ② 11
- ③ 5
- ④ 19
- ⑤ 11
- ⑥ 18
- ⑦ 18
- ⑧ 15
- ⑨ 13
- ⑩ 13
- ⑪ 10
- ⑫ 13

㉗ 3つの かずの たしざん ① 27ページ

1
- ① 9
- ② 10
- ③ 4
- ④ 7
- ⑤ 10
- ⑥ 9
- ⑦ 8
- ⑧ 5
- ⑨ 9
- ⑩ 10
- ⑪ 6
- ⑫ 8
- ⑬ 10
- ⑭ 7

アドバイス 3つの数の計算ですが，左から順に計算していくという手順を身につけると抵抗なくできるはずです。たし算では，どこからたしても答えは同じであることも合わせて指導してください。

㉘ 3つの かずの たしざん ② 28ページ

1
- ① 5
- ② 8
- ③ 9
- ④ 7
- ⑤ 10
- ⑥ 8
- ⑦ 9
- ⑧ 10
- ⑨ 7
- ⑩ 6
- ⑪ 8
- ⑫ 10
- ⑬ 10
- ⑭ 9

29 3つの かずの たしざん ③ 29ページ

1
- ① 7
- ② 9
- ③ 10
- ④ 6
- ⑤ 11
- ⑥ 11
- ⑦ 9
- ⑧ 10
- ⑨ 11
- ⑩ 13
- ⑪ 6
- ⑫ 9
- ⑬ 12
- ⑭ 15

30 3つの かずの たしざん ④ 30ページ

1
- ① 10
- ② 8
- ③ 12
- ④ 16
- ⑤ 10
- ⑥ 8
- ⑦ 11
- ⑧ 11
- ⑨ 6
- ⑩ 10
- ⑪ 15
- ⑫ 13
- ⑬ 8
- ⑭ 9

31 3つの かずの ひきざん ① 31ページ

1
- ① 1
- ② 2
- ③ 5
- ④ 7
- ⑤ 2
- ⑥ 1
- ⑦ 3
- ⑧ 2
- ⑨ 1
- ⑩ 4
- ⑪ 4
- ⑫ 3
- ⑬ 6
- ⑭ 1

🕐 アドバイス 3つの数のひき算です。左から
順に計算することを身につけさせましょう。
ひき算は苦手なお子さんが多いので繰り返
し練習することが大事です。

32 3つの かずの ひきざん ② 32ページ

1
- ① 4
- ② 1
- ③ 1
- ④ 2
- ⑤ 5
- ⑥ 3
- ⑦ 2
- ⑧ 1
- ⑨ 6
- ⑩ 4
- ⑪ 1
- ⑫ 3
- ⑬ 3
- ⑭ 2

33 3つの かずの ひきざん ③ 33ページ

1
- ① 2
- ② 4
- ③ 7
- ④ 9
- ⑤ 2
- ⑥ 3
- ⑦ 9
- ⑧ 5
- ⑨ 1
- ⑩ 4
- ⑪ 8
- ⑫ 4
- ⑬ 1
- ⑭ 3

34 3つの かずの ひきざん ④ 34ページ

1
- ① 2
- ② 1
- ③ 3
- ④ 2
- ⑤ 8
- ⑥ 8
- ⑦ 4
- ⑧ 3
- ⑨ 7
- ⑩ 6
- ⑪ 7
- ⑫ 2
- ⑬ 4
- ⑭ 4

35 まとめテスト ⑦ 35ページ

1
- ① 16
- ② 15
- ③ 10

2
- ① 17
- ② 13
- ③ 12
- ④ 18
- ⑤ 4
- ⑥ 9
- ⑦ 10
- ⑧ 10

㊱ まとめテスト ⑧ 36ページ

1
❶ 19　❷ 18
❸ 5　❹ 8
❺ 12　❻ 12
❼ 12　❽ 13
❾ 4　❿ 6
⓫ 9　⓬ 9
⓭ 3　⓮ 2

㊲ 3つの かずの けいさん ① 37ページ

1
❶ 1　❷ 7
❸ 3　❹ 14
❺ 5　❻ 8
❼ 7　❽ 2
❾ 11　❿ 6
⓫ 5　⓬ 4
⓭ 3　⓮ 4

アドバイス たし算とひき算の混じった計算です。計算の手順を正しく身につけさせます。

❷ 5−2=3，3+4=7 は正しいですが，2+4=6，5−6 としないように注意します。

㊳ 3つの かずの けいさん ② 38ページ

1
❶ 4　❷ 5
❸ 3　❹ 2
❺ 1　❻ 4
❼ 8　❽ 7
❾ 13　❿ 3
⓫ 9　⓬ 5
⓭ 14　⓮ 7

㊴ 3つの かずの けいさん ③ 39ページ

1
❶ 6　❷ 2
❸ 15　❹ 16
❺ 4　❻ 6
❼ 15　❽ 3
❾ 7　❿ 12
⓫ 10　⓬ 9
⓭ 1　⓮ 15

㊵ 3つの かずの けいさん ④ 40ページ

1
❶ 9　❷ 8
❸ 6　❹ 12
❺ 7　❻ 7
❼ 10　❽ 3
❾ 1　❿ 16
⓫ 13　⓬ 17
⓭ 10　⓮ 6

㊶ まとめテスト ⑨ 41ページ

1
❶ 2　❷ 16
❸ 5　❹ 5
❺ 4　❻ 16
❼ 13　❽ 4
❾ 10　❿ 3
⓫ 12　⓬ 13
⓭ 9　⓮ 6

㊷ まとめテスト ⑩ 42ページ

1
❶ 3　❷ 7
❸ 4　❹ 12
❺ 6　❻ 12
❼ 7　❽ 6

⑨ 12   **⑩** 5

⑪ 5   **⑫** 12

⑬ 10   **⑭** 9

㊸ たしざん ④　　43 ページ

1
❶ 11		**❷** 14
❸ 12		**❹** 16
❺ 15		**❻** 11
❼ 12		**❽** 13
❾ 13		**❿** 18
⓫ 11		**⓬** 14

🔺**アドバイス** くり上がりのあるたし算です。
全部できるまでくり返し練習させてください。

㊹ たしざん ⑤　　44 ページ

1
❶ 14		**❷** 12
❸ 11		**❹** 17
❺ 11		**❻** 11
❼ 12		**❽** 15
❾ 16		**❿** 12
⓫ 13		**⓬** 14

㊺ たしざん ⑥　　45 ページ

1
❶ 12		**❷** 14
❸ 15		**❹** 11
❺ 13		**❻** 17
❼ 11		**❽** 13
❾ 12		**❿** 16
⓫ 13		**⓬** 15

㊻ ひきざん ④　　46 ページ

1
❶ 9		**❷** 6
❸ 8		**❹** 4
❺ 5		**❻** 9
❼ 8		**❽** 7
❾ 7		**❿** 2
⓫ 9		**⓬** 6

🔺**アドバイス** くり下がりのあるひき算です。
❶ 10−9 は 1，1 と 8 で 9 と考えます。
❷ 10−5 は 5，5 と 1 で 6 と考えます。

㊼ ひきざん ⑤　　47 ページ

1
❶ 6		**❷** 8
❸ 9		**❹** 5
❺ 9		**❻** 7
❼ 8		**❽** 5
❾ 4		**❿** 9
⓫ 7		**⓬** 6

㊽ ひきざん ⑥　　48 ページ

1
❶ 8		**❷** 3
❸ 9		**❹** 8
❺ 9		**❻** 3
❼ 6		**❽** 7
❾ 8		**❿** 4
⓫ 7		**⓬** 5

㊾ 0の たしざん　　49 ページ

1
❶ 2		**❷** 9
❸ 5		**❹** 3
❺ 1		**❻** 7
❼ 4		**❽** 8
❾ 0		**❿** 6

⑪9　⑫2
⑬1　⑭5

アドバイス 0の計算は理解しにくい内容です。❶の2+0はわかっても，❷の0+9がわからないお子さんがいます。例をあげながら指導してください。

(50) 0の ひきざん　50ページ

1 ❶0　❷9
❸5　❹0
❺0　❻1
❼4　❽0
❾0　❿0
⓫2　⓬0
⓭0　⓮8

(51) まとめテスト ⑪　51ページ

1 ❶12　❷15
❸12　❹12
❺11　❻12
❼14　❽11
❾14　❿15
⓫11　⓬13
⓭6　⓮8

(52) まとめテスト ⑫　52ページ

1 ❶3　❷9
❸5　❹8
❺7　❻6
❼8　❽6
❾9　❿7
⓫5　⓬9
⓭0　⓮6

(53) 大きい かず ①　53ページ

1 ❶40　❷17　❸71
❹60　❺94　❻56
❼88　❽100

アドバイス ❷10が1こで10，1が7こで7，合わせて17と導きます。❽10が10こで100になることも理解できているか確かめましょう。

(54) 大きい かず ②　54ページ

1 ❶25　❷68　❸82
❹53　❺96

アドバイス 問題に出てくる数字を左からならべれば答えになりますが，機械的な作業にならないよう気をつけます。

(55) 大きい かず ③　55ページ

1 ❶4，7
❷7，5
❸3，2
❹6，9
❺2，8

アドバイス ❶「10が□こと，1が□こで47」のように考えることも説明してください。47の十の位は4，一の位は7と考えてもよいでしょう。

(56) 大きい かず ④　56ページ

1 ❶30　❷79　❸50
❹19　❺70　❻60
❼109　❽117

アドバイス ❺「40と30で□」はたし算，❻「100は40と□」はひき算であることを理解させます。

(57) 大きい かずの けいさん ① 57ページ

1 ❶ 50 ❷ 70
❸ 60 ❹ 90
❺ 90 ❻ 100
❼ 30 ❽ 20
❾ 40 ❿ 10
⓫ 20 ⓬ 60

(58) 大きい かずの けいさん ② 58ページ

1 ❶ 43 ❷ 68
❸ 37 ❹ 57
❺ 76 ❻ 65
❼ 29 ❽ 87
❾ 36 ❿ 79
⓫ 52 ⓬ 99

(59) 大きい かずの けいさん ③ 59ページ

1 ❶ 30 ❷ 20
❸ 51 ❹ 91
❺ 74 ❻ 42
❼ 34 ❽ 60
❾ 24 ❿ 81
⓫ 95 ⓬ 60

(60) 大きい かずの けいさん ④ 60ページ

1 ❶ 43 ❷ 67
❸ 73 ❹ 20
❺ 31 ❻ 41
❼ 90 ❽ 62
❾ 42 ❿ 51
⓫ 71 ⓬ 63

(61) まとめテスト ⑬ 61ページ

1 ❶ 43 ❷ 57 ❸ 8, 3
❹ 80 ❺ 110 ❻ 100
❼ 40

(62) まとめテスト ⑭ 62ページ

1 ❶ 80 ❷ 100
❸ 75 ❹ 39
❺ 59 ❻ 68
❼ 20 ❽ 20
❾ 40 ❿ 30
⓫ 94 ⓬ 61

(63) □の ある けいさん ① 63ページ

1 ❶ 3 ❷ 3
❸ 6 ❹ 4
❺ 13 ❻ 12
❼ 14 ❽ 1
❾ 11 ❿ 14

アドバイス □にあてはまる数を求める問題です。❶では「5からいくつふえると8になるか」というように考え，答えの数字を見つけていきます。❷のように数字と□の順が入れかわっても同じように考えます。

(64) □の ある けいさん ② 64ページ

1 ❶ 8 ❷ 6
❸ 7 ❹ 9
❺ 9 ❻ 7
❼ 9 ❽ 4
❾ 8 ❿ 8

㉖ □の ある けいさん ③　65ページ

1
- ❶ 60
- ❷ 40
- ❸ 32
- ❹ 72
- ❺ 91
- ❻ 33
- ❼ 20
- ❽ 63
- ❾ 53
- ❿ 45

㉖ □の ある けいさん ④　66ページ

1
- ❶ 7
- ❷ 6
- ❸ 9
- ❹ 4
- ❺ 10
- ❻ 6
- ❼ 18
- ❽ 10
- ❾ 5
- ❿ 17

アドバイス □が－の前にあるか後ろにあるかで求め方が違います。

❶□−4＝3

「□から 4 をひくと 3 になる。」

→ 「3 と 4 をあわせると□になる。」

→ 「□＝3＋4＝7」

❷7−□＝1

「7 から□をひくと 1 になる。」

→ 「1 と□をあわせると 7 になる。」

→ 「7 から 1 をひくと□になる。」

→ 「□＝7−1＝6」

㉖ □の ある けいさん ⑤　67ページ

1
- ❶ 11
- ❷ 6
- ❸ 8
- ❹ 0
- ❺ 12
- ❻ 6
- ❼ 7
- ❽ 8
- ❾ 11
- ❿ 14

㉖ □の ある けいさん ⑥　68ページ

1
- ❶ 87
- ❷ 50
- ❸ 45
- ❹ 10
- ❺ 60
- ❻ 39
- ❼ 68
- ❽ 40
- ❾ 97
- ❿ 20

㉖ まとめテスト ⑮　69ページ

1
- ❶ 4
- ❷ 23
- ❸ 72
- ❹ 54
- ❺ 40
- ❻ 8
- ❼ 70
- ❽ 46
- ❾ 4
- ❿ 53

㉗ まとめテスト ⑯　70ページ

1

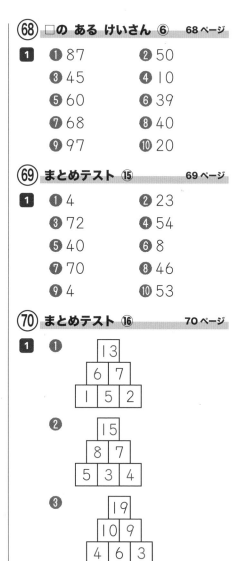

❶

	13	
	6	7
1	5	2

❷

	15	
	8	7
5	3	4

❸

		19	
	10	9	
	4	6	3
0	4	2	1

アドバイス 「れい」からこのピラミッド形の仕組みを読み取る問題です。となりどうしの数をたすと上の数になることを発見して，順に□をうめていきます。ひとつ間違うと他も間違えてしまうので，計算ミスをしないよう，落ち着いて取り組むようにしましょう。